Yahor Eryomenko

Grafitização de diamantes sintéticos com laser

Yahor Eryomenko

Grafitização de diamantes sintéticos com laser

Revisão exaustiva da grafitização de diamantes CVD e novos dados sobre o tratamento laser de diamantes HPHT

ScienciaScripts

Publisher:
Sciencia Scripts
is a trademark of
Dodo Books Indian Ocean Ltd. and OmniScriptum S.R.L publishing group

120 High Road, East Finchley, London, N2 9ED, United Kingdom
Str. Armeneasca 28/1, office 1, Chisinau MD-2012, Republic of Moldova, Europe
Printed at: see last page
ISBN: 978-620-8-26558-8

Resumo

A análise dos espectros de absorção nas regiões do infravermelho e do visível revelou que o coeficiente de absorção depende da composição de impurezas das amostras (Figura 3.1). Os limiares para a grafitização de pulso único e de pulso múltiplo de um cristal único de diamante sintético HPHT foram determinados experimentalmente (Tabela 3.3). A grafitização ocorre localmente, influenciada significativamente pelo azoto e pelas impurezas metálicas, particularmente o níquel. Isto explica a fraca correlação entre os limiares de grafitização e o comprimento de onda da radiação e o início da grafitização no lado com maior concentração de impurezas metálicas. Depois de gravar a superfície externa (uma fina camada próxima da superfície de diamante com um teor acrescido de metal-solvente), observa-se um aumento do limiar de grafitização, juntamente com diferentes dependências do limiar de grafitização na densidade ótica para amostras com e sem superfícies externas (Figura 3.2). Quando a radiação laser é espalhada em fissuras, lascas, faces ou dentro do volume das amostras, ocorre grafitização "tipo agulha"; caso contrário, observa-se grafitização "tipo ponto".

A análise dos espectros Raman mostrou que a composição da superfície irradiada é muito diversificada, incluindo grafite nanocristalina, carbono amorfo, diamante e grafite desordenados, estruturas de polieno e carbina. À medida que a energia de irradiação aumenta, o teor de grafite nanocristalina também aumenta (Figura 3.3). Na interação de baixa intensidade ($E_s < 7 \text{J/cm}^2$), a carbina e o diamante desordenado são mais prevalentes. Os tamanhos dos nanocristalitos da grafite formada e os comprimentos das cadeias de carbono amorfo foram estimados, com resultados mostrados na Tabela 3.6.

Palavras chave: Tratamento Laser do Diamante, Diamante HPHT, Limiares de Grafitização do Diamante, Diamante Grafitizado Raman

Índice

1. Introdução

1.1 Contexto e significado da investigação

O interesse crescente pela investigação sobre o diamante surgiu no final do século passado, o que coincidiu com os avanços nos métodos de produção de diamantes artificiais. O sucesso deste material deve-se à combinação única de propriedades mecânicas, térmicas, ópticas e eléctricas. Todas estas propriedades permitiram que o diamante fosse amplamente utilizado em optoelectrónica, tecnologias quânticas e deteção de radiação ionizante. O âmbito dos trabalhos relacionados com a aplicação prática do diamante está a aumentar, nomeadamente no domínio dos painéis solares, do desenvolvimento de um laser Raman e das tentativas de obter condutividade do tipo n no diamante através da difusão de deutério na camada superficial do diamante dopado com boro, seguida de recozimento térmico. O âmbito crescente destes estudos reflecte a versatilidade crescente e as aplicações potenciais do diamante em vários domínios tecnológicos e científicos.

Após o estudo dos complexos azoto-vacância (centros NV) no diamante, o interesse por este atingiu um novo patamar. Atualmente, o diamante é considerado como uma plataforma ideal para a criação de chips ópticos quânticos na região ótica do espetro. Esse chip consistiria essencialmente num arranjo estruturado de nanocompósitos de centros activos de radiação de fotão único e de uma pista condutora grafitada, incorporados numa matriz de diamante. Se for implementado com êxito, o diamante poderá superar significativamente o silício, servindo potencialmente como elemento ativo de base para dispositivos de ótica quântica com caraterísticas sem precedentes. No entanto, este potencial continua por realizar devido à falta de técnicas de fotolitografia semelhantes às que contribuíram para o desenvolvimento da eletrónica de silício.

Um obstáculo à utilização generalizada do diamante em vários domínios são as limitações do processamento do diamante, o que o torna um problema fundamental. A ablação por laser, um método tradicional que envolve o aquecimento por impulsos e a evaporação da camada superficial, destaca-se como uma das formas mais eficazes de resolver este problema. A ablação de diamante proporciona uma elevada taxa de remoção de material comparável à ablação de metal, atingindo centenas de nanómetros por impulso em radiação de nanossegundos. Um aspeto distintivo da ablação de diamante é a grafitização intermédia obrigatória, que afecta não só as propriedades ópticas e eléctricas, mas também as propriedades químicas da superfície.

De acordo com a teoria mais autorizada da interação da radiação laser com o diamante [1], o aspeto chave que determina a natureza desta interação é a densidade de energia da radiação. Existem 2 parâmetros importantes: limiar de grafitização de pulso único e de pulso múltiplo. Se a densidade de energia for inferior ao limiar multipulsos, ocorre a nanoablação (a camada grafitada sofre imediatamente a foto-oxidação), a grafitização cumulativa é observada a densidades de energia entre os dois limiares (crescimento gradual de uma gota de grafite que atinge um tamanho crítico com um grande número de impulsos, começa a absorver e a aquecer, causando mais grafitização e ablação), a densidades de energia superiores ao limiar de impulso único ocorre imediatamente a grafitização suficiente e começa a ablação da camada semelhante a grafite. Estes dois limiares de grafitização dependem do comprimento de onda e do tempo de impulso da radiação laser, bem como das caraterísticas espectrais do diamante utilizado.

1.2 O estado da investigação sobre a grafitização de diamantes sintéticos

1.2.1 Processo de ablação clássico

As primeiras experiências sobre a destruição induzida por laser de um cristal único de diamante natural utilizando radiação pulsada foram realizadas em 1965. Desde então, foi acumulada uma quantidade significativa de dados experimentais neste domínio. Foram estabelecidas as principais regularidades da ablação evaporativa da superfície do diamante, incluindo o estudo da dependência da taxa de ablação dos parâmetros da radiação laser, o estudo das propriedades da camada grafitada e o desenvolvimento de métodos para a microestruturação de precisão da superfície do diamante. Nos últimos anos, foi efectuada uma investigação aplicada significativa sobre o microprocessamento a laser da superfície e do volume do diamante.

A densidades de energia superiores ao limiar de grafitização de um impulso, ocorre o bem estudado processo de ablação clássica. Um dos principais estudos no domínio da ablação laser do diamante, que contribuiu significativamente para a nossa compreensão da ação pulsada na superfície do diamante, é o estudo realizado por Rothschild e seus colegas [2]. No seu trabalho, estudaram o processo de corrosão na superfície de um monocristal de diamante tipo IIa quando exposto a impulsos de nanossegundos de um laser de ArF (λ = 193 nm). A energia do impulso laser de 6,4 eV excede o intervalo de banda de um diamante (E_g = 5,5 eV). No decorrer do trabalho, verificou-se que, sob condições de absorção de fóton único e quando a densidade de energia do laser excede um certo limite (60 J/cm^2), ocorre a gravação da superfície (ablação). Este processo é acompanhado de grafitização, que se manifesta por uma alteração da morfologia da superfície, uma diminuição significativa da transparência da amostra no espetro visível e um aumento súbito da condutividade da superfície na zona de irradiação.

Rothschild et al. salientaram um aspeto importante da ablação de diamantes por laser: a grafitização é uma parte integrante do processo. A intensa irradiação laser do diamante inicia dois processos consecutivos - primeiro a transformação do diamante em grafite e depois a subsequente evaporação deste material grafitado. Os autores notaram que a grafite absorve mais fortemente do que o diamante, mesmo na parte ultravioleta do espetro, o que leva a um aumento acentuado da absorção na área afetada. Assim, a descrição proposta da dinâmica da ablação inclui duas fases. Inicialmente, parte do impulso laser inicia a transformação do diamante em grafite numa fina camada superficial. Como resultado, a energia da parte restante do impulso é efetivamente absorvida pela camada grafitada, aumentando rapidamente a temperatura na área afetada acima da temperatura de evaporação da grafite, o que leva à remoção do material.

A validade do modelo de ablação em duas fases foi totalmente suportada em estudos posteriores, nos quais se utilizaram radiações com valores de energia quântica abaixo do band gap do diamante para afetar filmes de diamante, nomeadamente, o laser de XeCl ($\Lambda\omega$ = 4,08 eV) e o laser de CO2 ($\Lambda\omega$ = 0,12 eV).

Inicialmente, foi demonstrado que, mesmo com um valor mínimo de energia, ocorre dispersão e absorção de radiação por impurezas ou absorção em defeitos estruturais, o que pode provocar a grafitização do diamante. É provável que as películas iniciais de diamante sintético utilizadas nestas experiências fossem de má qualidade, e os valores limite registados de 10 J/cm² podem ter sido subestimados em comparação com amostras modernas. No entanto, este facto não altera a possibilidade física fundamental de aquecer um diamante até à temperatura de grafitização, mesmo quando se utiliza um laser com um comprimento de onda dentro da região de transparência.

Posteriormente, foi desenvolvida uma hipótese que descreve a ablação do diamante sob a ação da radiação pulsada como um movimento auto-consistente da camada grafitizada no interior da película de diamante a uma velocidade equivalente à velocidade do movimento da frente de evaporação. Neste caso, as velocidades das frentes de evaporação e de grafitização são assumidas como sendo as mesmas, o que implica uma espessura constante do "pistão" grafitizado de um impulso para o seguinte (Fig. 1.1)

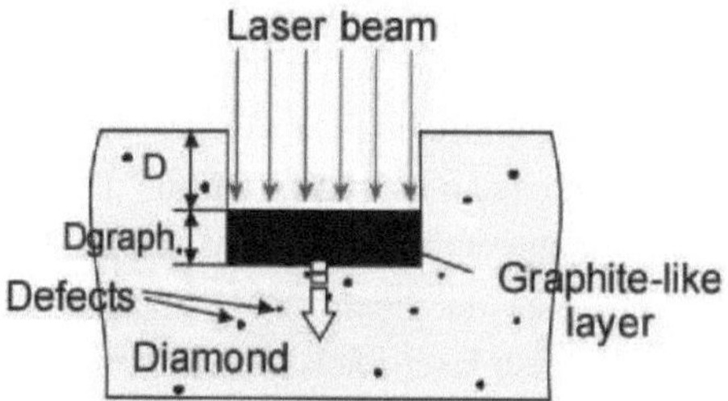

Figura 1.1 Modelo gráfico do pistão

Este pressuposto permitiu dividir os processos observados durante a ação do laser na superfície do diamante em dois grupos, dependendo do material com o qual a luz interage. O primeiro grupo abrange a ablação do diamante grafitado, em que a radiação é absorvida por uma película semelhante à grafite já formada. A ablação do diamante grafitado é descrita com exatidão pelo modelo auto-consistente do "pistão" de grafite. Sob estas condições, a grafitização do diamante é essencialmente um processo termicamente estimulado que ocorre a temperaturas de cerca de 2000 K. A ablação, ou remoção de material, é termicamente estimulada e ocorre como resultado da evaporação da fase grafitizada da superfície da amostra.

O segundo grupo de fenómenos em estudo é particularmente extenso, cobrindo o espetro de processos associados à interação direta da radiação com o diamante. Estes processos incluem:

1. grafitização inicial da superfície

2. a nanoablação de um diamante como fenómeno de ataque fotoquímico da sua superfície
3. vários processos de modificação pontual da rede do diamante, incluindo tanto a formação como a cura de defeitos estruturais.

1.2.2 Ablação por laser como ferramenta para microestruturação e microperfilagem de diamante

O desenvolvimento da ótica de diamante inclui duas direcções: ótica de difração para radiação laser monocromática e processamento de superfícies super-duras. Os lasers de excímero UV são ferramentas fundamentais nesta tecnologia devido à sua elevada absorção de diamante, baixo limiar de gravação, elevada taxa de remoção de material, comprimento de onda curto para obter uma elevada resolução e distribuição uniforme da intensidade. Isto facilita a microestruturação precisa dos diamantes, permitindo a criação de elementos ópticos de difração de diamantes (DOE) desenvolvidos por métodos de modelização por computador e fabricados por ablação por laser. A abordagem proposta combina a física avançada do laser com a conceção assistida por computador para criar elementos ópticos personalizados para várias aplicações, por exemplo, microinterferómetros. De seguida, serão considerados exemplos específicos dos DOE obtidos em [1].

Comecemos por uma lente cilíndrica de Fresnel. O seu relevo, gravado numa superfície de uma placa de diamante, é constituído por uma série de canais paralelos, cada um com 40 mícrones de largura e diferentes profundidades. A largura dos canais foi selecionada em função da largura mínima da zona periférica da lente. É de salientar que o desenho do microrrelevo é de alta qualidade; o desvio padrão da profundidade do relevo em relação ao valor fixado foi de aproximadamente $\delta \approx 10\%$. O critério de qualidade da lente é a eficiência da difração, definida como a fração da energia transmitida concentrada no máximo principal. A simulação em computador incluía métodos numéricos para calcular a intensidade em diferentes planos da área focal da lente, tendo em conta o modo principal TEMoo do feixe luminoso.

A eficiência de difração de uma lente esférica de Fresnel depende em grande medida do número de níveis de quantização. Atualmente, foi obtida uma lente com mais de 8 níveis de quantização[1]. O microrrelevo calculado da lente foi formado por métodos de simulação em computador. Uma amostra de uma película de diamante polido com 40×40 mm de dimensão foi deslocada em relação à zona de exposição do laser. A profundidade do ataque foi determinada pelo número de impulsos do excimer laser. Apesar da natureza sub-comprimento de onda dos erros visíveis no produto, espera-se que não conduzam a desvios significativos na formação da distribuição da intensidade focal, mas que possam reduzir a eficiência da difração. Curiosamente, a distribuição de intensidade medida experimentalmente no foco DOE correspondeu não só aos resultados da modelação por computador, mas também aos resultados do teste de uma lente refractiva convencional com a mesma distância focal.

Posteriormente, foram fabricadas várias lentes de Fresnel com diferentes parâmetros(!), incluindo uma lente com uma distância focal de 50 mm, etc. Para além de vários tipos de lentes de Fresnel, foram também fabricados relevos mais complexos, tais como focadores de feixes gaussianos, etc.

Além disso, o tratamento por laser é atualmente amplamente utilizado para várias manipulações com materiais de carbono. Por exemplo, a tecnologia de grafitização por laser na massa de um diamante permite criar filamentos condutores para a recolha de carga em detectores de partículas e até formar paredes para guias de ondas ópticas numa rede cristalina. Tanto a radiação laser contínua como a pulsada são ativamente utilizadas na síntese e modificação de nanopartículas de carbono. O tratamento com laser intenso foi utilizado para conseguir a transição inversa da fase de grafite para a fase de diamante e, mais recentemente, para sintetizar uma nova fase de carbono super-dura, o carbono Q.

1.2.3 Grafitização da superfície por um único impulso potente

De acordo com [1], o aspeto mais importante da grafitização de pulso único é a forma como a energia da luz é dispersa em estruturas de diamante intactas. A intensidades elevadas de radiação laser, quando um único impulso é suficiente para a grafitização, o principal mecanismo envolve o aquecimento da grelha devido à absorção multifotónica. Por exemplo, a um pulso de 800 nm e uma densidade de energia de $F = 10$ J/cm^2, o aumento de temperatura resultante é aproximadamente estimado como $\Delta T \approx \beta \, F_{400}^2 / \tau cd$, o que dá cerca de IO^4 K (aqui β é o coeficiente de absorção multifotónica, geralmente variando de 4 a 10^{-39} cm^5/W^3, e Cd denota a capacidade de calor específico 1.75 J/cm^3/K do diamante). Este nível de aquecimento é suficiente para a grafitização térmica completa e a ablação subsequente. Um resultado semelhante é observado para o segundo harmónico, onde a estimativa de aquecimento ΔT dá um resultado comparável: $\Delta T \approx \beta 400 F^2 / \tau$ / ed$\mathfrak{z}$ cerca de IO^4 K para $F = 12$ J/cm^2 ($\beta 400$ é aproximadamente $4\text{-}10 * 10^{-11}$ cm/W). Estas estimativas estão em boa concordância com os dados experimentais, uma vez que o limiar de ablação para um único impulso a 800 nm e 400 nm de irradiação é geralmente cerca de F-IO J/cm.^{2}

A taxa de ablação do diamante no modo de impulso único é também determinada pelo mecanismo de absorção. É interessante comparar a ablação após a formação de uma camada semelhante à grafite (modo multipulso) com a ablação do diamante original (modo de pulso único). Como já foi mencionado, no primeiro caso, a taxa de ablação é determinada pela absorção de luz numa camada superficial grafitada e bem absorvente. No segundo caso, a taxa de ablação é determinada pelo plasma excitado no diamante através da absorção não linear pelo próprio impulso e, como se verá, é limitada pela interação do impulso laser com ele. Foi mencionado anteriormente que a ablação de uma superfície grafitada é um processo termicamente estimulado, e a taxa de ablação obedece a uma dependência logarítmica: $r_a \approx L_a \ln(-F/Fo)$, onde L_a é a profundidade de penetração de calor no alvo. Os dados experimentais mostram que a dependência da taxa de ablação na densidade de energia sob irradiação com um único pulso poderoso também é bem aproximada por uma dependência logarítmica. Com base neste facto, pode argumentar-se que a profundidade de ablação depende da profundidade de penetração da luz no diamante, tal como acontece com a exposição a múltiplos impulsos.

A configuração do carbono grafitizado induzido por laser varia significativamente dependendo da orientação cristalográfica da superfície irradiada, o que é particularmente interessante devido ao seu potencial para produzir sp^2 /sp^3 compósitos de carbono. No entanto, é importante reconhecer que a qualidade cristalina da fase grafitizada induzida por laser tende a ser bastante baixa. A microspectroscopia Raman caracteriza a superfície de diamante alterada a laser do plano (100) como uma forma desordenada de carbono, mais como carbono vítreo do que grafite pirolítica altamente orientada (HOPG). De facto, o diamante grafitizado é uma mistura de carbono amorfo, principalmente com hibridização de ligações sp^2 , juntamente com grafite nanocristalina, caracterizada por tamanhos de grão de aproximadamente 3 nm.

Consideremos agora a estrutura da camada grafitada tratada com laser formada na superfície (111). A grafitização neste plano é preferível do ponto de vista da obtenção de grafite de melhor qualidade, uma vez que a transição energeticamente favorável do diamante para a grafite envolve a transformação de dois planos de diamante (111) num plano de grafite (0001). Consequentemente, a grafite na superfície do diamante alinha-se naturalmente de tal forma que o seu plano basal (0001) coincide com o plano do diamante (111), independentemente da orientação cristalográfica da superfície. Consequentemente, a grafite na superfície (111) sofre tensões internas mínimas, o que potencialmente melhora a sua estrutura cristalina, aumentando o tamanho dos cristalitos e reduzindo o conteúdo da fase amorfa. É de salientar que a formação de grafite altamente orientada na superfície de (111) foi prevista por modelação da dinâmica molecular, tanto sob aquecimento constante num forno como sob aquecimento por laser pulsado[1].

Os perfis AFM e WLI mostraram que a irradiação a laser não só formou crateras, mas também sob certas condições de irradiação na superfície (111) poderia causar inchaço da superfície na zona de irradiação. Este inchaço ocorreu quando a densidade de energia excedeu o limiar de grafitização de pulso único ($F \approx 3$ J/cm^2). Consequentemente, a região grafitizada era visivelmente mais pequena do que o tamanho do feixe. Inicialmente, com exposição mínima, a altura da elevação era de aproximadamente 10 nm, mas à medida que a densidade de energia aumentava, ela crescia rapidamente, atingindo uma altura de aproximadamente 150 nm. A remoção do material levou a uma diminuição gradual do inchaço, que se prolongou com o aumento da densidade de energia. A cerca de 8 J/cm^2 , o nível da superfície grafitizada desceu abaixo do inicial, o que levou ao desaparecimento do inchamento e à formação de uma cratera na zona de irradiação. A profundidade da cratera atingiu um pico a cerca de 15 J/cm^2 . No entanto, aos 20 J/cm^2 , a tendência inverteu-se e o inchaço da superfície recomeçou, excedendo o inicial em 0,5 microns. A formação de tais protuberâncias durante a irradiação da face (111) deve-se ao facto de esta superfície sofrer três processos: grafitização ablativa em massa e superficial e grafitização пon-ablativa, enquanto a face (100) apenas os dois primeiros.

No espetro Raman do diamante bruto, há um pico "diamante" notável em 1333 cm$^{^1}$. No modo de grafitização sem ablação (F = 4,6 J/cm^2), aparece um pico estreito G (ΓG $\approx$ 25 cm$^{^1}$), enquanto os picos D e D' são relativamente fracos e mal distinguíveis. Em geral, este espetro é muito semelhante ao da grafite pirolítica bem orientada (HOPG), um espetro típico de HOPG é mostrado na Figura 1.2

A baixas densidades de energia (F = 7,5 J/cm^2) no modo de ablação, o pico G permanece estreito, mas os picos D e D' tornam-se mais pronunciados. Um aumento adicional na densidade de energia leva a caraterísticas do diamante grafitizado (IOO) nos espectros Raman: os picos D e G expandem-se para cerca de - 100 cm$^{^1}$, o que indica a formação de grafite nanocristalina desordenada. O nível de desordem diminui no modo de grafitização volumétrica, como evidenciado pelo estreitamento dos picos D e G (F = 60,9 J /cm^2), e os espectros assemelham-se aos do diamante grafitizado a uma intensidade de exposição mais baixa.

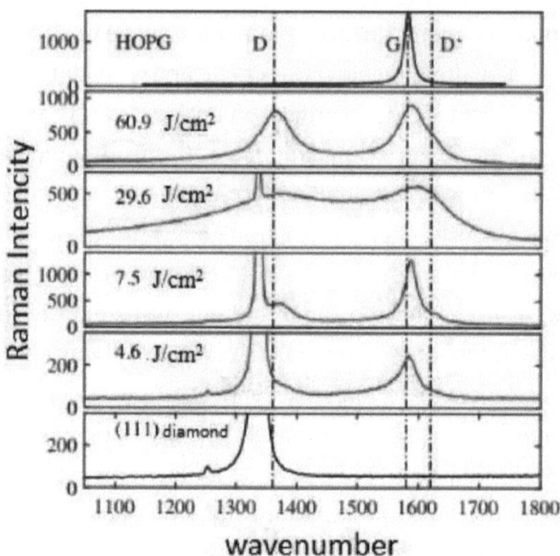

Figura 1.2a Espectros Raman do diamante (111) com diferentes energias de radiação laser[1]

Assim, com a energia óptima do impulso laser, o diamante (111) é transformado numa fase de grafite com um elevado grau de perfeição cristalina, para HOPG, como se pode ver no espetro Raman. Espectros Raman típicos para faces (100) irradiadas a diferentes densidades de energia são mostrados na Fig. 1.2a,b A largura mínima do pico G foi encontrada em $F \approx 53$ J/cm² , sendo $\Gamma_G \approx 90$ cm.$^{-1}$

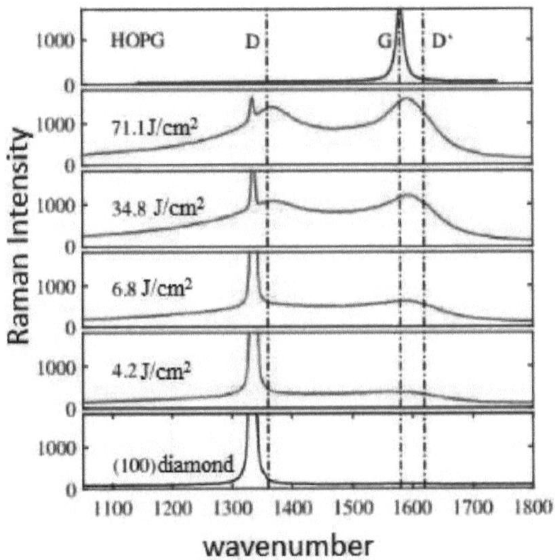

Figura 1.2b Espectros Raman do diamante (100) com diferentes energias de radiação laser[1]

1.2.4 Processo de grafitização acumulativa sob irradiação multipulsos de baixa intensidade

A figura 1.3 ilustra a evolução gradual da superfície irradiada pelo laser quando a intensidade não atinge o nível que causa danos imediatos no cristal após o impulso inicial. O desenho inclui duas fases diferentes. A fase inicial é preservada durante N_g impulsos, durante os quais a refletividade da superfície afetada permanece constante. Depois, como se mostra na sequência de imagens, começa a segunda fase, caracterizada pelo aparecimento de uma zona de absorção no centro do ponto de laser. Inicialmente, o diâmetro desta zona é de aproximadamente ≈1 mícron, o que a torna visível. Posteriormente, a intensidade da luz reflectida diminui rapidamente à medida que o ponto inicialmente grafitado se expande para vários microns, cobrindo quase todo o feixe.

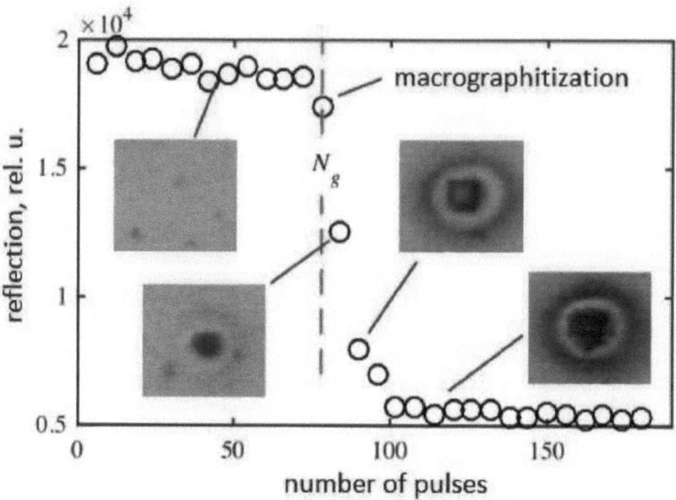

Figura 1.3. Dependência da reflexão do número de impulsos laser

Esta observação experimental realça o carácter explosivo da formação final da camada semelhante à grafite. A diferença de absorção entre as fases diamante e grafite é crucial, variando em várias ordens de grandeza. Quando aparece uma certa quantidade de fase não diamantada, a absorção da radiação laser e, consequentemente, a temperatura da superfície aumentam acentuadamente em algumas dezenas de impulsos, o que conduz a uma grafitização macroscópica observada por meios ópticos. Este ponto-chave, designado por ponto de grafitização, determina a duração da fase inicial de grafitização oculta.

Metodologicamente, a duração desta fase, que indica o número de disparos de laser necessários para produzir danos visíveis no cristal, foi medida utilizando dois métodos diferentes[3]. O primeiro método, tal como descrito anteriormente, utiliza a microscopia ótica para detetar uma zona grafitizada altamente absorvente quando esta atinge um tamanho de ≈ 1 µm. Na experiência, vários pontos da amostra foram irradiados com um número gradualmente crescente de impulsos N e, após exame ao microscópio, foi determinado o efeito mínimo de N_g necessário para a grafitização da superfície a uma dada densidade de energia F. No segundo método, uma câmara CCD monitorizou continuamente o estado da superfície, registando o feixe laser refletido da superfície da amostra, impulso a impulso. As observações microscópicas durante a grafitização em massa in situ serviram como um teste adicional para este procedimento.

Em [5], foi apresentado um modelo relativo à formação e crescimento induzidos por laser de nanopartículas de grafite (chamadas nanodots), que são consideradas como núcleos ou centros de absorção efectivos. Pensa-se que estes nanopontos iniciam a grafitização térmica da rede do diamante. Este modelo, adotado como ponto de partida, descreve a fase cumulativa da grafitização a laser como uma evolução gradual de nanoclusters não diamantados de tamanhos pontuais para gotículas de tamanho micro, e permite-nos estimar experimentalmente a taxa de grafitização cumulativa. De acordo com este modelo, as gotículas de grafite aumentam gradualmente de diâmetro de impulso para impulso devido à transformação alotrópica das camadas de diamante adjacentes. Apesar do seu pequeno tamanho, estas gotículas parecem preencher uniformemente a zona de irradiação, que tem pelo menos ≈ 1 µm de tamanho.

De acordo com os conceitos de Davis e Evans[5], o crescimento de uma única gota de grafite é considerado como um processo autocatalítico que representa a grafitização do diamante próximo a esta gota. A transformação da rede é iniciada em núcleos pontuais já existentes e manifesta-se em movimento para fora a partir destes centros. No cristal original, esses centros de nucleação são defeitos estruturais ou aglomerados que existem na rede. Quando a região grafitizada atinge dimensões nanométricas, a grafitização começa na interface entre as fases diamante e grafite.

A iniciação direta por laser de um novo centro de grafitização no diamante é considerada improvável. Tanto as manifestações latentes como as explícitas de grafitização são consideradas como resultado do crescimento de gotículas de grafite em defeitos existentes, em vez do aparecimento de novas gotículas no volume do diamante. Assume-se que numerosas e minúsculas gotículas de grafite no interior da estrutura do diamante crescem gradualmente e de forma independente sob a influência da radiação laser. Os principais mecanismos que controlam este processo incluem (i) o aquecimento do próprio diamante devido à absorção não linear da radiação e (ii) a transferência de calor da partícula de grafite, que absorve linearmente parte da energia do impulso laser. No entanto, foi demonstrado que o primeiro mecanismo é ineficaz nas intensidades de irradiação caraterísticas da grafitização cumulativa, enquanto o segundo mecanismo é ineficaz na fase inicial de crescimento. Consequentemente, a temperatura de uma gota de grafite aquecida por radiação pulsada depende fortemente do seu tamanho, o que torna difícil levar uma gota nanométrica à temperatura de grafitização. Isto explica a fase de nanoablação, quando a energia transferida para o meio é tão pequena que conduz a uma taxa de grafitização incrivelmente baixa - a taxa de crescimento das gotículas de grafite.

1.2.5 Processo de nanoablação

O conceito de modificação da superfície por laser e de geração de defeitos em cristais e vidros é reconhecido há muito tempo. A adaptação de processos semelhantes ao diamante, que se caracteriza por uma elevada rigidez da rede e estabilidade química, foi demonstrada pela primeira vez em 2003[3]. Foi determinado um modo especial de ação do laser, no qual a densidade de energia cai abaixo do limiar de grafitização de pulso único, mas o processo de gravação é preservado. É de salientar que a taxa de remoção de material diminui acentuadamente para valores inferiores a $10^{\wedge 3}$ nm por impulso. Este modo único foi designado por "nanoablação", um termo que é agora amplamente aceite na literatura. É digno de nota que a nanoablação no diamante não leva a uma grafitização significativa: são formadas ligações hibridizadas sp^2 mínimas, que contribuem de forma insignificante para a absorção ótica da superfície. Em 2017, outro aspeto crítico do processo de nanoablação foi revelado, mostrando a formação de centros NV na camada superficial do diamante, tanto em estados neutros quanto carregados negativamente[1].

A descoberta inicial da gravação a laser na superfície do diamante sem grafitização surgiu durante estudos de recozimento a laser de um cristal único natural de diamante tipo IIa implantado com iões [3]. Usando radiação de nanossegundos de um laser KrF (λ = 248 nm) numa atmosfera de ar, foram realizadas experiências com densidades de energia variando de 4 a 20 J/cm^2 e até 300.000 pulsos de laser. A posição da superfície na zona de irradiação foi monitorizada durante todo o processo de irradiação.

Primeiro, foram introduzidos defeitos no diamante, causando uma diminuição da sua densidade de massa e levando a um aumento da área de superfície em várias dezenas de nanómetros na área de implantação. O recozimento a laser destinado a corrigir estes defeitos incorporados foi efectuado a uma densidade de energia inferior ao limiar de grafitização. Neste cenário, ocorreu o processo inverso - a superfície afundou-se na zona de irradiação. Com uma exposição prolongada, a superfície desceu mesmo abaixo do nível do diamante original, não implantado. Estes resultados despertaram interesse porque sugerem a possibilidade de remoção controlada de material da superfície do diamante sem a necessidade de grafitização. Este condicionamento gradual tem implicações práticas para várias aplicações de diamante em eletrónica, fotónica e outras áreas que requerem um tratamento preciso da superfície. O aumento da energia de radiação enfrentou limitações devido à introdução da ablação tradicional. Com uma energia laser constante, a profundidade do canal aumentou linearmente com o número de impulsos de irradiação.

Os estudos experimentais sobre a irradiação laser de um cristal único numa atmosfera inerte (hélio, árgon) foram realizados em modo de fluxo[3]. A amostra foi colocada numa câmara de vácuo, bombeada para uma pressão de $\approx$ 1 torr utilizando uma bomba de vácuo pré-instalada, seguida da injeção de um gás inerte na câmara a uma pressão ligeiramente superior à atmosférica. O fluxo de gás através das microfendas da câmara foi utilizado para impedir a entrada de ar na amostra. As experiências de irradiação do diamante nestas condições revelaram a ausência ou uma supressão notável da nanoablação. O termo "supressão" refere-se aqui à instabilidade dos efeitos: por vezes, não se formou uma cratera e, noutros casos, formou-se apenas numa parte da superfície irradiada e a sua profundidade é muito menor do que quando irradiada na atmosfera. Uma diminuição notável da taxa de nanoablação durante a irradiação de diamante numa corrente de hélio realçou o papel crucial da disponibilidade de oxigénio neste processo.

A dependência da taxa de ataque do diamante com a pressão ambiente observada quando a superfície foi irradiada com o segundo harmónico de um laser de titânio-safira de femtosegundo ($\tau = 120$ fs, $\lambda = 400$ nm) mostrou uma tendência significativamente não monotónica (Fig.1.4). Na gama de alto vácuo de IO-^{7} a 10^{15} torr, a taxa de nanoablação aumentou quase linearmente com o aumento da pressão. No entanto, um novo aumento da pressão conduziu a uma diminuição acentuada da taxa de remoção de material, mantendo uma velocidade constante de $5 \times IO^{17}$ nm / impulso na gama de IO^{13} torr até à pressão atmosférica.

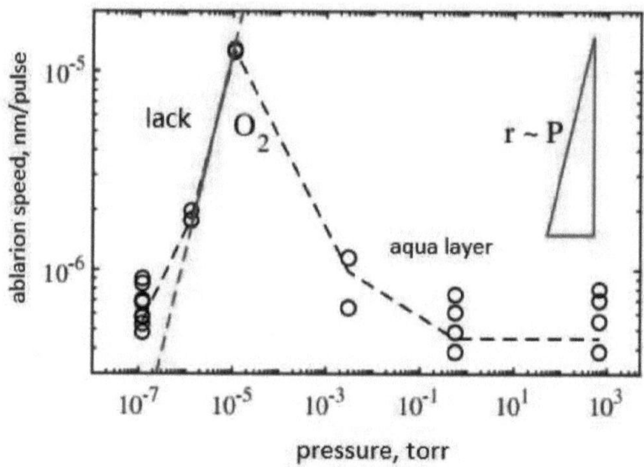

Figura 1.4. Dependência da taxa de corrosão do diamante com a pressão ambiente

A pressão ambiental também afectou a topografia das crateras resultantes do processo de nanoablação, manifestando-se em dois aspectos. O primeiro aspeto envolveu diferenças significativas nas profundidades das crateras obtidas com uma única dose de radiação a diferentes pressões. O segundo aspeto levou a uma alteração da forma do perfil a baixas pressões.

Na gama de pressões desde a atmosférica até $10^{\wedge 5}$ torr, as crateras de nanoablação têm um perfil próximo de Gaussiano, reflectindo a distribuição de intensidade Gaussiana no feixe de laser. No entanto, a uma pressão de $10^{\wedge 6}$ torr, o fundo da cratera torna-se visivelmente nivelado e, a $10^{\wedge 7}$ torr, surge uma elevação no centro da cratera. De facto, a baixas pressões, a taxa de nanoablação no centro da zona de irradiação é significativamente mais baixa do que na sua periferia, apesar da maior intensidade de radiação no centro. O comportamento não linear da taxa de nanoablação com uma alteração da pressão ambiente é consistente com o mecanismo fotoquímico de oxidação da superfície, cujas caraterísticas são determinadas principalmente pelos processos de adsorção e dessorção de oxigénio e água no diamante. A principal evidência para esta conclusão é o modo de corrosão a pressões inferiores a $10^{\wedge 5}$ torr. O aumento quase linear da taxa de remoção de material com o aumento da pressão observado neste modo elimina o mecanismo evaporativo de remoção de material e indica que a nanoablação é uma reação de oxidação fotoestimulada do diamante.

Nas reacções químicas, a taxa é normalmente determinada pela probabilidade de uma única oxidação e pelas concentrações dos reagentes. Neste contexto, a probabilidade de uma única oxidação é afetada pela temperatura na zona de reação e pela intensidade da exposição ao laser. Em condições constantes destes parâmetros, a taxa de corrosão é proporcional ao número de reagentes. A quantidade de carbono permanece constante, igual ao número de átomos na monocamada superior. Os dados experimentais mostram que a quantidade do segundo reagente é proporcional à pressão da atmosfera circundante, o que nos permite considerar o segundo reagente como um dos componentes do ar atmosférico. De facto, o oxigénio é amplamente reconhecido como o elemento quimicamente mais ativo no ar, formando facilmente vários óxidos quando interage com várias substâncias. Ao mesmo tempo, os óxidos de carbono (CO, CO_2) são compostos voláteis, o que significa que quando se formam na superfície do diamante, evaporam-se, o que leva à formação de uma cratera e não de uma película.

Por conseguinte, o mecanismo de oxidação fotoestimulada fornece uma explicação consistente para a cinética da nanoablação no intervalo de pressão inferior a $10^{\wedge 5}$ torr. Nesta gama, o principal fator que afecta a taxa de remoção de material é a falta de oxigénio atmosférico, que serve como reagente oxidante. Comparando a taxa de nanoablação e a taxa de fornecimento de oxigénio à área irradiada, podemos tirar conclusões sobre a eficiência do fotoprocesso de oxidação do diamante. Dado que a principal fonte de oxigénio necessário é a atmosfera circundante, a utilização dos princípios da teoria cinética molecular dos gases permite-nos estimar a quantidade máxima de oxigénio na superfície.

O fenómeno de estabilização da taxa de corrosão a pressões superiores a 10^{13} torr é explicado pela presença na superfície do diamante de complexos moleculares, tais como-OH, formados pela interação do vapor de água da atmosfera com a superfície do diamante. Os dados da espetroscopia de dessorção térmica e da espetroscopia de infravermelhos mostram que a água é facilmente adsorvida no diamante, mesmo à temperatura ambiente, o que leva à formação de grupos hidroxilo, éter e carbonilo. A existência de grupos hidroxilo nas faces do diamante é confirmada por dados de difração de raios X à superfície[3].

As experiências[4] também sugerem que a água actua como um inibidor eficaz da oxidação, provavelmente devido à formação de grupos OH que saturam as ligações de carbono quebradas, estabilizando assim a superfície do diamante. A quantidade de água necessária para formar uma monocamada na superfície do diamante entre os impulsos provém da atmosfera a uma pressão de 10^3 torr. Por conseguinte, apesar do excesso de oxigénio na gama de pressão de 10^3 torr até à atmosférica, a eficiência do processo de nanoablação permanece relativamente baixa.

A camada de água não só interage com as ligações de carbono quebradas, mas também impede fisicamente o oxigénio de chegar à superfície do diamante. A formação de uma camada de água num diamante foi investigada principalmente do ponto de vista da condutividade eléctrica da superfície do diamante. Os dados das medições electroosmóticas foram utilizados para calcular a espessura da camada de água estacionária perto da superfície do diamante, que é de aproximadamente 95 A, o que equivale a cerca de 30 monocamadas[3]. Espera-se que uma camada de água deste tamanho reduza a probabilidade de adsorção de oxigénio, dificultando a chegada do oxigénio à superfície da amostra.

É importante notar que os estudos em discussão se centram no efeito do vapor de água no processo de oxidação à temperatura ambiente, ou seja, é necessário considerar a possibilidade de formação de uma camada aquosa a temperaturas elevadas. A temperatura ambiente desempenha um papel crucial na influência da taxa de reacções químicas, incluindo as causadas pela luz. Um estudo empírico [1] mostrou o efeito do aquecimento externo na taxa de nanoablação do diamante. Para facilitar o processo de estudo, foi desenvolvido um sistema de aquecimento especificamente concebido para amostras de diamante e integrado no sistema laser. Este sistema inclui um aquecedor cerâmico com duas placas, um autotransformador que serve de fonte de tensão, um termopar e um microvoltímetro para medir a temperatura da amostra. O diamante foi fixado entre as placas do aquecedor cerâmico, que, por sua vez, foram fixadas num clipe na mesa eletromecânica. O acesso desobstruído de ambos os lados a metade da área da amostra contribuiu para o aquecimento efetivo do diamante, expondo simultaneamente a parte "livre" aos impulsos laser. Foi colocada uma gota de termopar entre o diamante e uma das placas de aquecimento em cerâmica. Após a calibração, este sistema permitiu controlar e manter com precisão a temperatura da placa de diamante no intervalo entre a temperatura ambiente e 600° C com uma precisão de 10° C. É importante notar que, mesmo a temperaturas elevadas, o elemento de aquecimento cerâmico não reagiu quimicamente com o diamante. A taxa de nanoablação foi estimada a várias temperaturas no intervalo de 20° C a 600° C, mantendo a energia de radiação constante. Verificou-se que a taxa de nanoablação do material aumenta numa ordem de grandeza à medida que a temperatura aumenta da temperatura ambiente para 600° C. Por conseguinte, o vapor de água é mais eficaz na supressão da oxidação sob exposição fotoinduzida à temperatura ambiente do que sob oxidação causada pelo aquecimento da amostra a alta temperatura (>600° C).

Naturalmente, na catálise de uma reação química por meio de fotoestimulação, a excitação do subsistema eletrónico dos materiais de partida desempenha um papel fundamental. Esta excitação leva a um enfraquecimento das ligações moleculares (rede), o que conduz a um aumento da atividade química. Embora seja provável a ionização de ambas as ligações covalentes no diamante e no oxigénio molecular, as caraterísticas distintivas observadas nas curvas de nanoablação coincidem com a absorção multifotónica no diamante. Neste caso, uma ação laser sem iniciar a grafitização induz a transição de certos electrões da banda de valência para a banda de condução. Isto, por sua vez, reduz temporariamente a energia de ligação para o número correspondente de átomos na rede do diamante, e alguns destes átomos localizados na superfície apresentam uma maior probabilidade de interagir com o oxigénio adsorvido. No modelo proposto [3], a taxa de nanoablação está correlacionada com o número de ligações enfraquecidas na superfície, que por sua vez é influenciada pela intensidade de radiação utilizada, que é uma consequência da absorção multifotónica. Assim, as dependências da taxa de nanoablação em relação à energia do impulso observadas em experiências [1], que são funções de potência, podem ser atribuídas à absorção de luz de um, dois e três fotões a 193 nm (6,4 eV), 248 nm (5,0 eV) e 515 nm (2,4 eV) de radiação (Fig. 1.5)

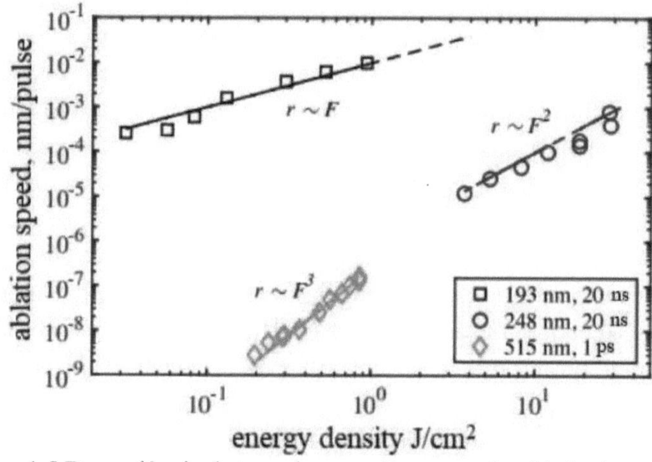

Figura 1.5 Dependência da taxa de corrosão com a densidade de energia para diferentes lasers

O efeito da duração do impulso no processo de nanoablação manifesta-se de duas formas diferentes. O primeiro aspeto é simples: com uma energia de impulso constante, a duração determina a eficiência da absorção multifotónica, afectando assim o número de ligações enfraquecidas no interior do cristal. O segundo aspeto do efeito da duração do impulso laser na nanoablação manifesta-se apenas quando se utilizam impulsos ultracurtos (aproximadamente $\tau \approx 100$ fs), o que não é considerado neste estudo.

Para além dos processos acima referidos de interação da radiação laser com o diamante, está atualmente a ser estudada ativamente uma vasta gama de fenómenos relacionados com a fotoemissão, a fotoexcitação, a mobilidade e a recombinação de portadores electrónicos no diamante. Além disso, foram feitos progressos significativos no desenvolvimento de métodos de espetroscopia Raman para o estudo da estrutura dos materiais de carbono, bem como no estudo da grafitização térmica do diamante, da sua oxidação, implantação e processos de métodos de recozimento envolvendo feixes de electrões e tratamento iónico, etc.

1.3 Objectivos da investigação

Atualmente, não existem estudos dedicados ao efeito da radiação laser em monocristais artificiais de diamante HPHT, por outro lado, este material é cada vez mais utilizado em optoelectrónica, deteção de radiação ionizante e investigação quântica. Isto permite-nos dizer que o desenvolvimento de métodos de microperfilação da superfície do diamante, por exemplo, através da sua grafitização sob irradiação laser, é extremamente relevante. De todo o exposto, formulamos os objectivos deste estudo da seguinte forma:

1. Determinar experimentalmente os limiares de grafitização de pulso único e de pulso múltiplo de um cristal único de diamante HPHT em diferentes comprimentos de onda com diferentes composições de impurezas do material e orientação dos planos cristalográficos

2. Analisar a composição de fases de diamantes processados em modos de pulso único e múltiplo em diferentes densidades de energia de radiação com a ajuda da espetroscopia Raman, e tirar uma conclusão sobre os mecanismos de desenvolvimento de grafitização sob a influência da radiação laser

2. Material e métodos

2.1 Material experimental

Atualmente, existem 2 métodos mais aplicáveis para o crescimento de diamantes sintéticos: deposição em fase gasosa (método CVD) e gradiente de temperatura (método HPHT). A criação de grandes cristais únicos de diamante é realizada utilizando equipamento que funciona de acordo com o método "alta pressão/alta temperatura" (HPHT), por exemplo, utilizando um dispositivo de alta pressão do tipo "split sphere". Neste dispositivo, a pressão é dirigida a dois conjuntos de punções (ver Figura 2.1). Um conjunto externo de oito punções forma um anel octaédrico. Dentro deste espaço, o segundo conjunto de seis punções adicionais é posicionado de tal forma que é criada uma cavidade central em forma de cubo, onde se encontra uma célula de alta pressão e na qual ocorre o crescimento efetivo dos cristais de diamante. Os cristais de diamante são cultivados a pressões de 55 a 65 kbar e a temperaturas de 1350 a 1700º C. Os metais de transição (Fe, Ni, Mn e outros) são utilizados como solventes/catalisadores. Os melhores cristais (até 1,5 quilates) foram obtidos utilizando taxas de crescimento não superiores a 5 mg/h. Assim, a pressão, a temperatura, o tempo de crescimento e a composição do fluxo determinam diretamente o tamanho, a qualidade e a pureza do cristal resultante.

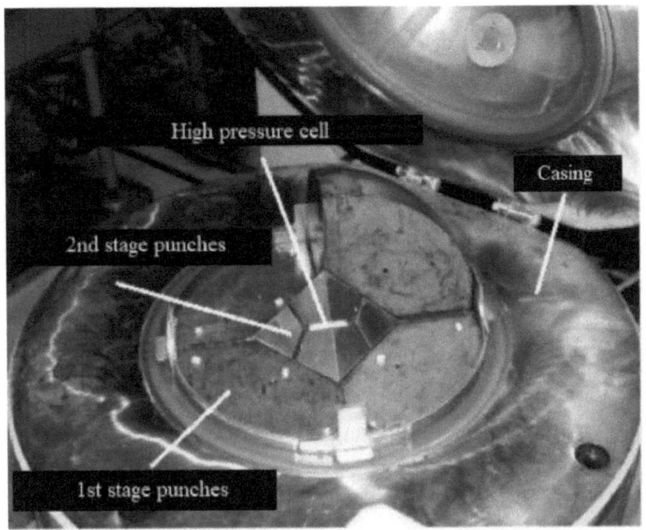

Figura 2.1 Dispositivo de alta pressão do tipo "esfera dividida

Na célula de alta pressão, é mantido um gradiente de temperatura para assegurar a transferência de carbono para o cristal semente. O esquema geral do método do gradiente de temperatura é apresentado na Figura 2.2.

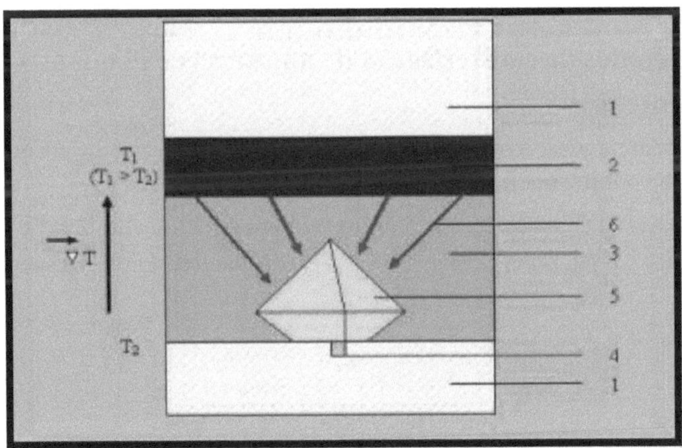

Figura 2.2 Diagrama do método HPHT: 1-cerâmica, 2-fonte de carbono, 3-metal-catalisador, 4-cristal de semente, 5-cristal de diamante em crescimento, 6-direção de transferência de carbono

No nosso caso, foram utilizadas como materiais experimentais placas de diamante sintético HPHT tipo Ib com orientações (111) e (100) crescidas no sistema Ni-Fe-C. As placas têm dimensões de - 2x3 mm e uma espessura na gama de 0,36-1,23 mm, com uma massa de várias dezenas de miligramas. As amostras são transparentes. Uma caraterística especial deste cristal é o seu elevado teor de azoto e de impurezas metálicas. A presença de átomos de azoto na rede do diamante leva ao aparecimento de um bordo de absorção de impurezas próximo de 500 nm e, consequentemente, à cor amarela dos cristais. Anteriormente, as amostras foram limpas da contaminação da superfície por processamento num $K2Cr2O$ a $T = 80^0$ C durante 5 horas, seguido de lavagem repetida com água desionizada num banho de ultra-sons. Na Figura 2.3 são apresentados exemplos de amostras antes do tratamento com laser

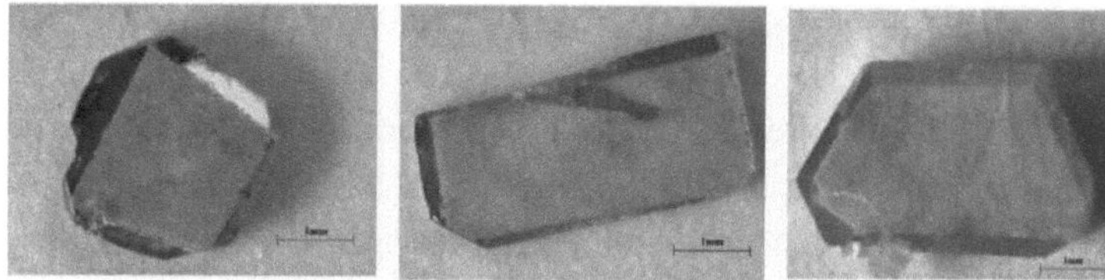
Figura 2.3 Amostras antes da irradiação laser

2.2 Métodos de caraterização de amostras de diamantes sintéticos

Para caraterizar as amostras, foram registados espectros de absorção na gama do infravermelho utilizando um espetrómetro Vertex-70 Fourier (Alemanha) e na gama do visível utilizando um espetrómetro Solar PV1251 (Bielorrússia). Na Figura 2.4 a, b são apresentados exemplos de espectros

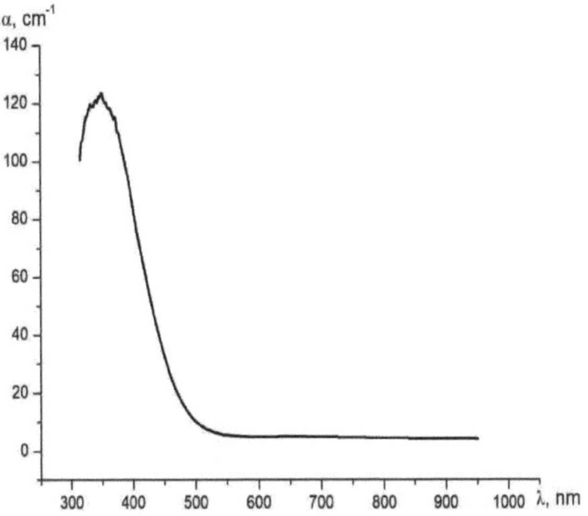

Figura 2.4a Espectros de absorção no visível da amostra de Y1O

Anteriormente, os espectros de IV foram normalizados ao longo da linha de absorção do diamante, e a espessura das amostras foi calculada. Os espectros de absorção na gama do visível são convertidos da densidade ótica para o coeficiente de absorção, onde se tem em conta que 27% da radiação é reflectida pela superfície do diamante.

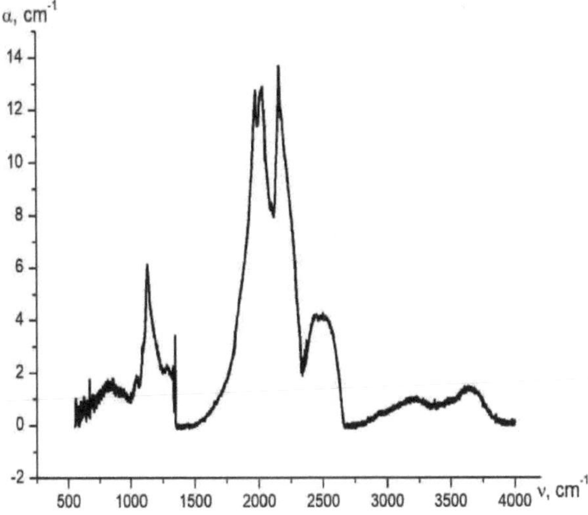

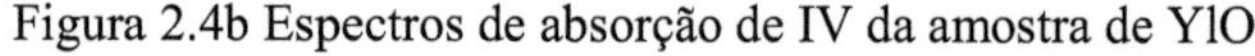

Figura 2.4b Espectros de absorção de IV da amostra de YlO

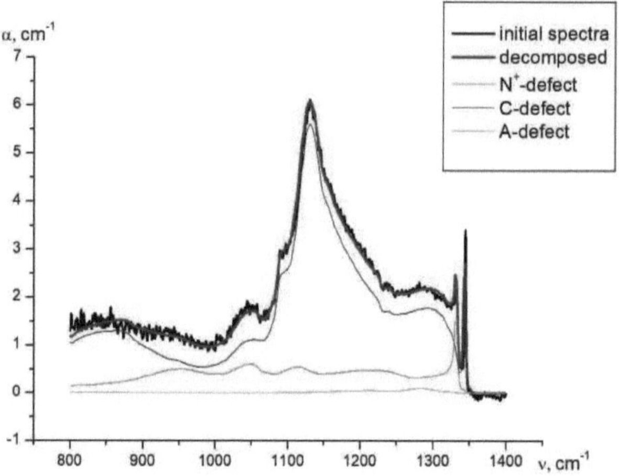

Figura 2.5 Exemplo de decomposição do espetro de IV da amostra de YlO

A composição de impurezas das amostras foi determinada através da análise dos espectros de absorção de IV na região de 800-1400 cm^{-1} . Existem várias bandas sobrepostas responsáveis por vários defeitos cristalinos de azoto, nomeadamente, o defeito N^+ é um átomo de azoto com carga positiva no local da rede, o defeito C- é um único átomo de azoto no local da rede, o defeito A é um par de átomos de azoto em locais de rede vizinhos e o defeito B é uma vaga de carbono rodeada por quatro átomos de azoto que substituem os átomos de carbono. A decomposição do espetro foi realizada selecionando uma combinação linear dos espectros de referência de cada defeito (ver Figura 2.5). Os coeficientes lineares obtidos foram convertidos para a concentração do defeito utilizando fórmulas empíricas bem conhecidas[6]. O erro na determinação da concentração a partir dos espectros de IV é geralmente de cerca de 10% . A massa das amostras foi medida utilizando uma balança mecânica de laboratório.

2.3 Método de determinação dos limiares de grafitização do diamante sintético

Para o processamento de placas de diamante, foi utilizado um laser de

28

estado sólido pulsado em granada de ítrio-alumínio Nd^3 :YAG modelo LS2147-N-FF (LOTIS TH, Bielorrússia-Japão). O comprimento de onda de irradiação é $\lambda = 1064$, também utilizámos o segundo harmónico de 532 nm. A duração do impulso laser a meia altura é de 20 ns . A distribuição de energia na secção transversal do feixe laser era quase gaussiana. O processamento foi efectuado tanto no modo de impulsos únicos como numa série de impulsos com uma frequência de repetição de 1 Hz. A densidade média de energia na superfície das amostras variou na faixa de 2 a 14,1 J/cm^2 , tanto devido a mudanças na energia de radiação do laser quanto devido ao foco do feixe de laser com uma lente. As amostras foram irradiadas várias vezes com um aumento gradual de energia. O estado da superfície das amostras após a irradiação foi monitorizado utilizando um microscópio MBS9 equipado com uma câmara digital. A figura 2.6 apresenta uma fotografia da experiência

Figura 2.6 Esquema da experiência

2.4 Método de análise da estrutura da superfície do diamante após exposição a impulsos laser

Para analisar a interação da radiação laser com a superfície do diamante, bem como para determinar a composição de fase do carbono resultante, foram registados espectros Raman no aparelho NanoFinder HighEnd (LOTIS TH, Bielorrússia). A excitação foi efectuada com um laser semicondutor de comprimento de onda 532 nm, com uma potência de 600 mW e um diâmetro do ponto de laser na superfície da amostra de 2,5 microns. A reprodutibilidade da experiência é bastante boa, uma vez que as medições Raman foram efectuadas em vários pontos (de 3 a 5) e os seus resultados não diferiram mais de 15 %. Os espectros obtidos foram calculados em média, a linha de base foi subtraída e a conhecida linha 1333 cm$^{\wedge 1}$ responsável pelo diamante foi removida.

De acordo com o estudo mais autorizado sobre as formações de grafite em películas de diamante [7], os espectros Raman resultantes devem ser aproximados por várias funções. Em particular, para o carbono amorfo, as linhas D e G distinguem-se nas regiões de 1350 e 1530 cm$^{\wedge 1}$, respetivamente, e devem ser aproximadas por funções Gaussianas. Por outro lado, a grafite nanocristalina é representada por linhas D e G nas regiões de 1350 e 1585 cm$^{\wedge 1}$, mas utilizando a função de Lorentz. De acordo com [7], a área sob os picos deve ser considerada como a intensidade dos picos. O pico D indica principalmente a presença e o número de anéis de carbono aromáticos. A posição do pico G indica indiretamente o número de ligações sp^3 formadas, e a posição e intensidade de ambos os picos caracterizam a ordem da grafite formada. Como se depreende de [8], os picos Gaussianos nas regiões de 430 e 710 cm^{-1} correspondem a um diamante desordenado. O pico na gama de 1420 cm$^{'1}$ corresponde a estruturas de polieno, 1180 cm$^{'1}$ - grafite desordenada, e 2085 cm$^{'1}$ - carbina. Exemplos dos espectros Raman originais são mostrados na Figura 2.7, onde foram agrupados pela energia de irradiação: alta ($E_s > 9$ J/cm^2), média (9 J/cm$^2 > E_s > 7$ J/cm^2), e baixa ($E_s < 7$ J/cm^2).

a)

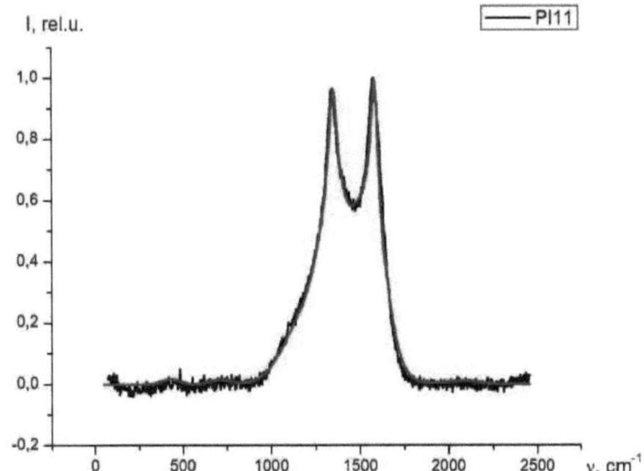

b)

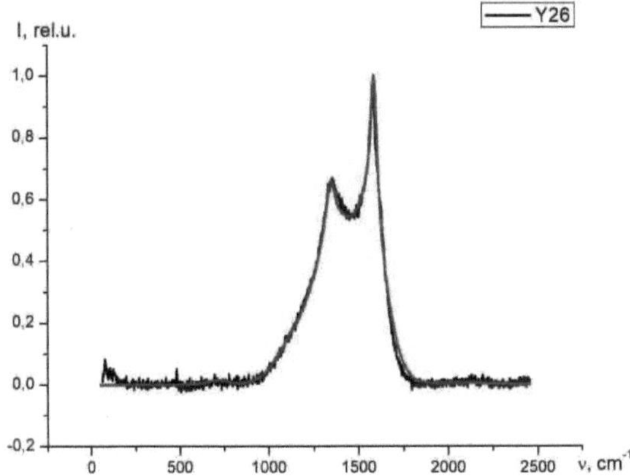

c)

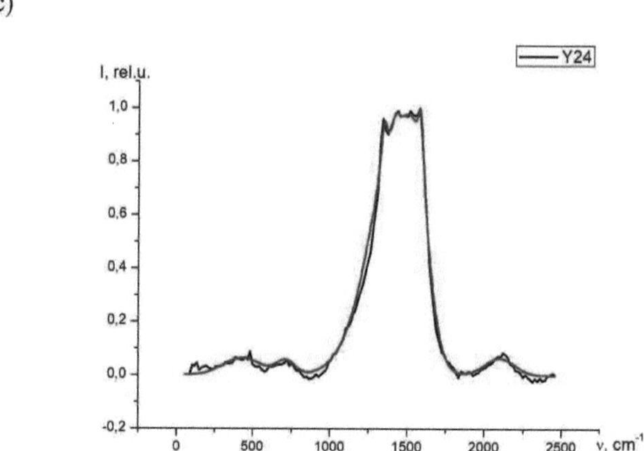

Figura 2.7 Espectros Raman iniciais das amostras (a preto, angulares) e respectivas decomposições finais (a vermelho, suaves) para energia elevada (a), média (b) e baixa (c)

Os espectros foram decompostos manualmente, selecionando a intensidade, a meia largura e a posição de cada linha. O erro desta decomposição é normalmente de cerca de 10%. A Figura 2.8a, b apresenta uma decomposição pormenorizada componente a componente

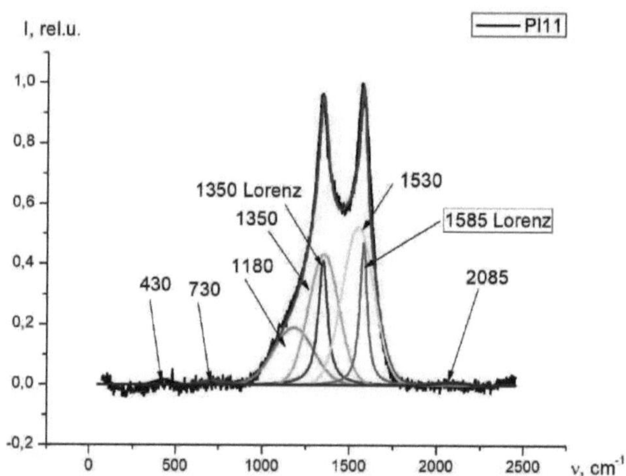

Figura 2.8a Exemplo de decomposição pormenorizada dos espectros
Raman para a amostra Plll

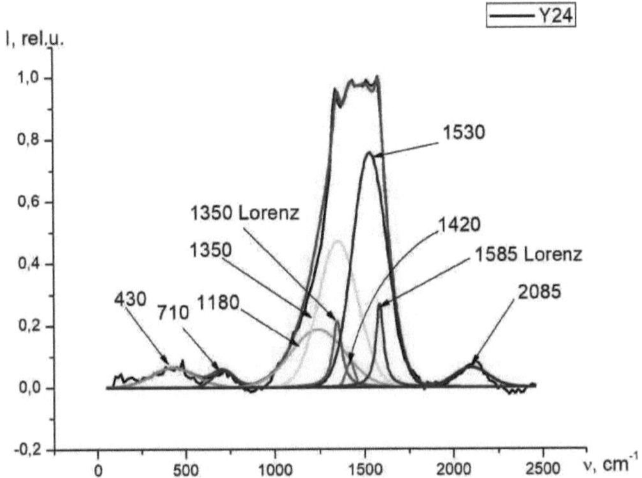

Figura 2.8b Exemplo de decomposição pormenorizada dos espectros
Raman para a amostra Y24

3. Resultados e sua discussão

3.1 Influência das impurezas no processo de grafitização

Os resultados finais da determinação da composição de impurezas das amostras, obtidos durante a análise dos espectros de absorção nas regiões do infravermelho e do visível, são apresentados no quadro 3.1

Tabela 3.1. Parâmetros, caraterísticas espectrais e composição de impurezas das amostras estudadas

Sample	L, mm	M, mg	A, ppm	C, ppm	N^+, ppm	C_N, ppm	D_{532}	D_{1064}	α_{532} cm^{-1}	α_{1064}, cm^{-1}
Y10	0,613	22,7	1,7	140	8,3	150	0,30	0,24	6,4	4,2
9649	0,719	21.6	0	77,5	1,9	79,4	0,39	0,36	8,4	7,5
Y3	0,863	26,3	0,8	77,5	1,1	79,4	0,31	0,28	4,8	4,1
Y7	0,467	9,4	0	150	6,1	156,1	0,32	0,26	9,4	6,2
Y4	0,943	20,4	49,5	82,5	3,6	135,6	0,39	0,31	6,3	4,5
Y23	0,368	9,8	0	200	11,6	211,6	0,28	0,22	9,4	5,8
Y24	1,222	51,4	0	125	1,7	126.7	0,71	0,57	10,9	8,3
Y25	1,223	34,9	0	120	2,2	122.2	0,56	0,47	8,0	6,4
Y26	0,724	-	1,7	107,5	8,8	118	0,36	0,28	7,4	4,9
Pl11	0,489	-	3,3	142,5	10,5	156,3	0,23	0,17	5,0	1,9
Pl13	0,53	-	94,1	172,5	14,3	280,9	0,33	0,27	8,7	5,9
Pl20	0,819	-	11.6	17,5	4,4	33,5	0,33	0,27	5,7	4,0

Nota: L é a espessura da amostra, M é a massa da amostra, C$_N$ é a concentração total de impurezas azotadas, A, B, etc. a concentração de impurezas azotadas na forma correspondente, D532, D1064 são as densidades ópticas das amostras a 532 nm e 1064 nm, respetivamente, e a.532 e a1064 são os coeficientes de absorção das amostras a 532 nm e 1064 nm, respetivamente.

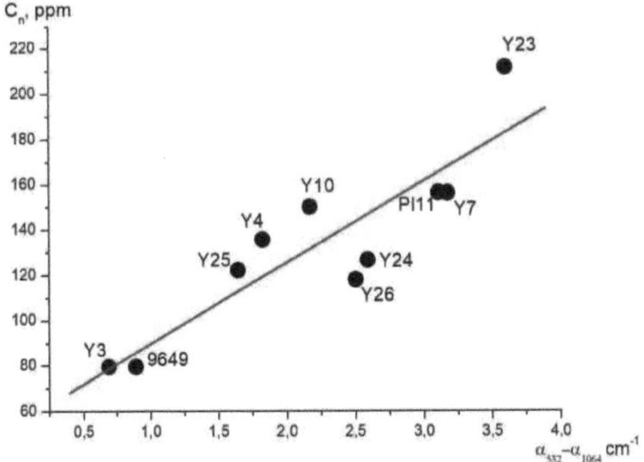

Figura 3.1 Relação entre a diferença dos coeficientes de absorção a 532 e
1064 nm e a concentração de defeitos

Verificou-se a dependência do coeficiente de absorção em relação à concentração de defeitos. A dependência do coeficiente de absorção não pôde ser obtida diretamente devido ao paralelismo imperfeito do plano das amostras e ao efeito da absorção nos defeitos metálicos (ver Figura 3.1), o coeficiente de correlação é $R \approx 0,91$. A densidade de energia da radiação foi regulada alterando a energia do impulso laser e focando-o com uma lente, as amostras foram irradiadas sequencialmente com um aumento das densidades de energia antes de ocorrer a grafitização. O decurso da experiência é apresentado na Tabela 3.2

Quadro 3.2 Progresso da experiência de irradiação de diamantes sintéticos

Sample	E_s, J/cm^2	Wavelength, nm	Number of pulses	Observations
Y7	4.2	1064	1	no change
	4.5		1	no change
	7.6		1	graphitization
Y10	2.6	1064	12	no change
			10	no change
			10	graphitization
Y23	2.6	1064	20	graphitization

P120	4.5	1064	1	no change
	7.6		1	no change
	8.0		1	weak graphitization on the edges
	9.3		1	graphitization
Y26	4.5	532	1	no change
	7.6		1	no change
	8.0		1	graphitization
Y25	8.0	532	1	graphitization
9649	1.9	532	1	no change
	2.4		1	no change
	3.2		1	no change
	4.1		1	no change
	5.0		1	no change
	6.4		1	the beginning of graphitization
	7.8		1	development of graphitization
	13.5		1	breaking off from the plate graphitic piece
Y24	3.4	532	1	there are no changes to
	4.8		1	no change
	6.8		1	graphitization on the reverse side
P111	4.8	532	1	no change
	6.8		1	no changes
	7.8		1	no changes
	10.9		1	graphitization on the crack
	14.1		1	graphitization
P113	2.0	532	500	no change
			500	no change
			300	graphitization

			10	no change
Pl18	4.2	532	18	graphitization
Y24'	5.0	1064	1	no change
	6.7		1	graphitization
Y7'	7.2	1064	1	no change
	9.6		1	graphitization

Os parâmetros das experiências que conduzem à grafitização das amostras nos modos de impulso único e de impulsos múltiplos são apresentados na Tabela 3.3.

Tabela 3.3 Resultados do estudo de grafitização do diamante sintético

Sample	d, mm	E, J	E_s, J/cm^2	D	O	λ, nm	N pulses	C_N, ppm
Y7	4.1	1.0	7.6	0.26	111	1064	1	156.1
Pl20	3.1	0.7	9.3	0.27	100	1064	1	33.5
Y25	3.1	0.6	8.0	0.56	100	532	1	122.2
Y26	3.1	0.6	8.0	0.36	111	532	1	118.0
9649	3.6	0.5	6.4	0.39	111	532	1	79.4
Y24	3.1	0.5	6.8	0.71	111	532	1	126.7
Pl11	2.15	0.5	14.1	0.23	100	532	1	156.3
Y10	5.45	0.6	2.6	0.24	111	1064	32	150.0
Y23	5.45	0.6	2.6	0.22	111	1064	20	211.6
Pl13	5.0	0.4	2.0	0.33	100	532	1300	280.9
Pl18	3.5	0.4	4.2	0.37	100	532	28	-
Y24'	3.9	0.8	6.7	0.71	111	1064	1	-
Y7'	3.25	0.8	7.2	0.92	111	1064	1	-

Nota: d é o diâmetro do ponto laser, E é a energia de radiação laser, E_s é a densidade de energia superficial, D é a densidade ótica da amostra, e O é a orientação cristalográfica da amostra

Em [1], que estuda os diamantes CVD do tipo Ila, afirma-se que a absorção de energia ocorre tanto na rede do diamante como nos defeitos estruturais, e durante a irradiação de impulso único o processo principal é a absorção multifotónica na rede do diamante. O intervalo de banda do diamante é de 5,5 eV, o que corresponde a um comprimento de onda de 225 nm. Assim, para a radiação laser com comprimentos de onda longos, a absorção na rede do diamante só é possível como resultado de processos multifotónicos.

Tabela 3.4 - Fotografias das amostras antes e depois do tratamento com laser

Sample	Before graphitization	After graphitization
Y7	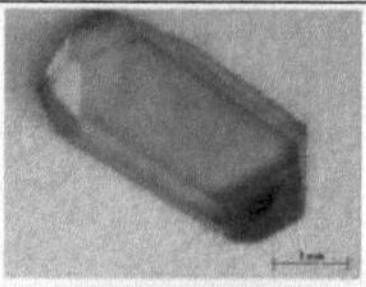	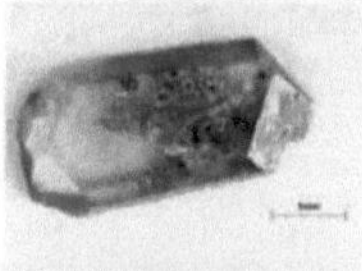
Pl20		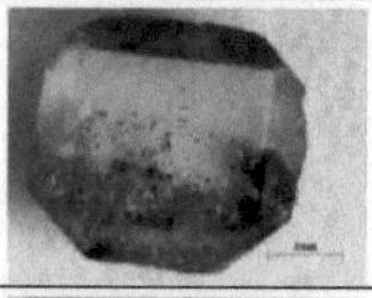
Y10	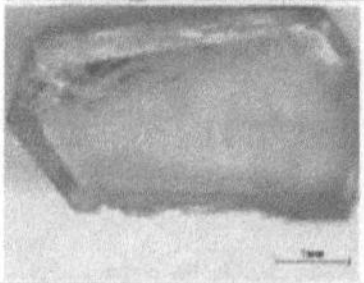	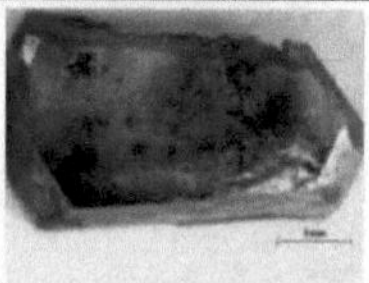
Pl13		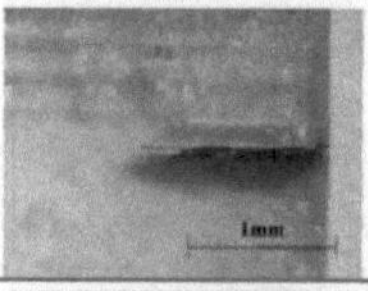
Y23	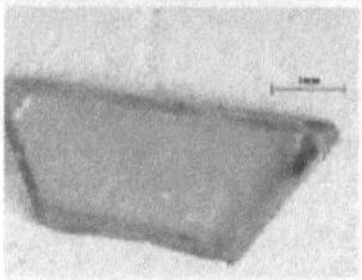	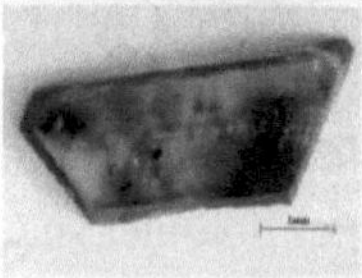
Y24	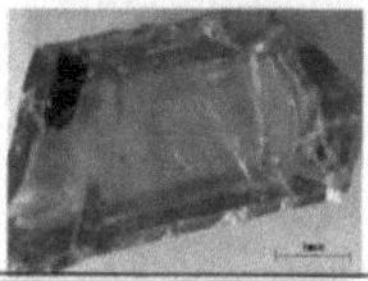	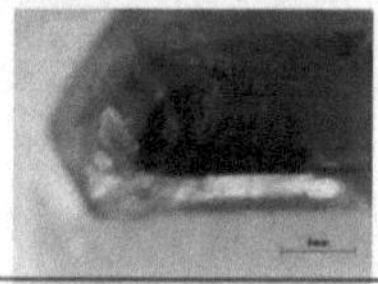
Y26	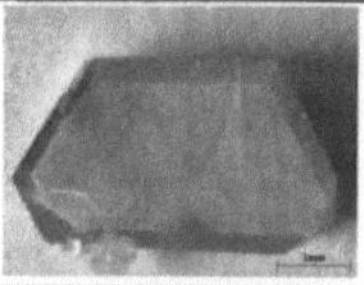	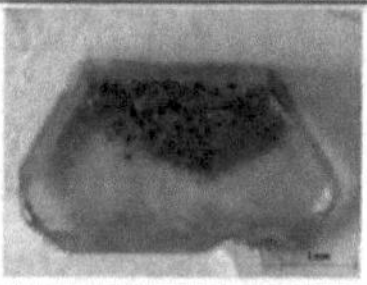

9649	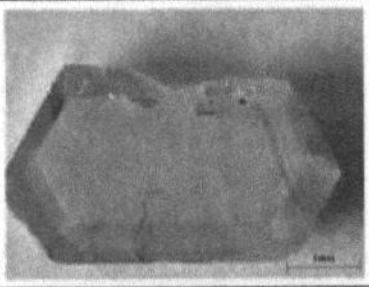	
Pl11		
Y25	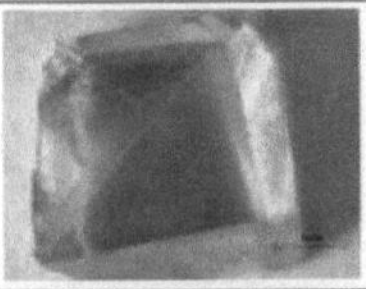	
Pl18	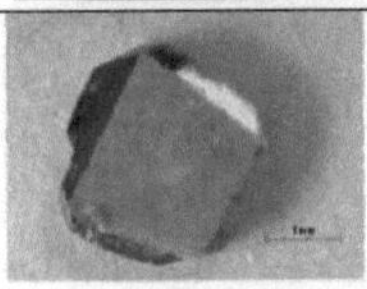	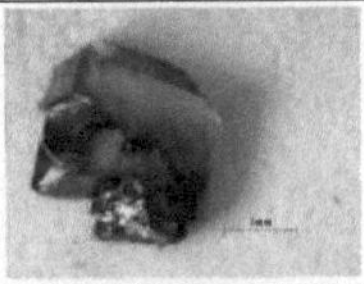
Y7'	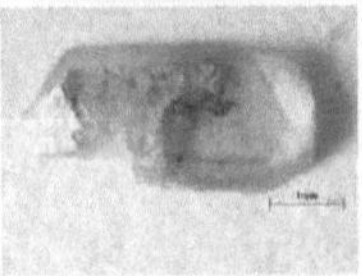	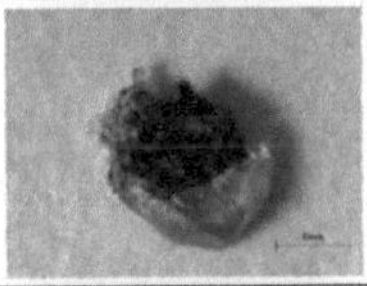
Y24'	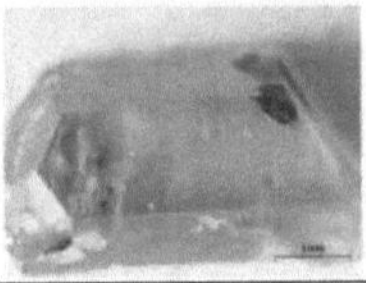	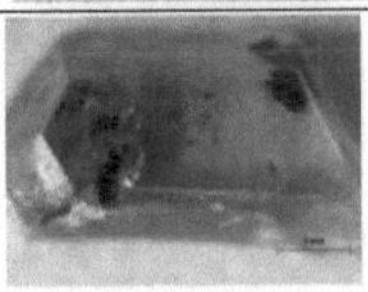

No nosso caso, como se pode ver na Tabela 3.4, a grafitização desenvolve-se localmente e a distribuição das inclusões de grafite na superfície da amostra difere da distribuição gaussiana de energia no feixe. Isto sugere que a grafitização ocorre principalmente em defeitos estruturais e/ou áreas de segregação de impurezas, onde ocorre absorção adicional de energia de radiação laser, aquecimento e transformação de ligações de carbono. O azoto e as misturas metálicas (em particular, os defeitos de níquel, que estão bem descritos em [6]) desempenham um papel significativo nestes processos. Assim, quando uma amostra de Pl11 é irradiada, a grafitização ocorre a 14,1 J/cm^2 , e em Y25 - a 8,0 J/cm^2 , e o conteúdo de defeitos de nitrogênio nas amostras é de 156,3 e 122,2 ppm, respetivamente.

A partir das fotos das amostras (Tabela 3.4) e do esquema de crescimento dos cristais, conclui-se que todas as placas com orientação (111) e P120 com orientação (100) contêm superfícies externas. As superfícies externas foram formadas durante o arrefecimento da zona de reação em condições de forte desequilíbrio, pelo que contêm mais impurezas (principalmente metal-solvente) do que o volume do cristal. Ao contrário das outras amostras, Y24 foi irradiado a partir do lado do volume do cristal, mas a grafitização desenvolveu-se na superfície externa, o que mostra a importância das impurezas metálicas no processo de grafitização. Além disso, em duas amostras após o tratamento de grafitização, removemos a grafite e a superfície externa (amostras Y24' e Y7·), e depois irradiámo-las novamente. Como era de esperar, a ausência de uma superfície externa aumentou significativamente o limiar de grafitização (ver Tabela 3.3). A dependência do limiar de impulso único com a densidade ótica da amostra no comprimento de onda da radiação foi traçada (Figura 3.2), onde se pode ver uma clara divisão em amostras com e sem uma superfície externa. O coeficiente de correlação para as amostras com uma superfície externa é de 0,91 e para as amostras sem uma superfície externa é de 0,88

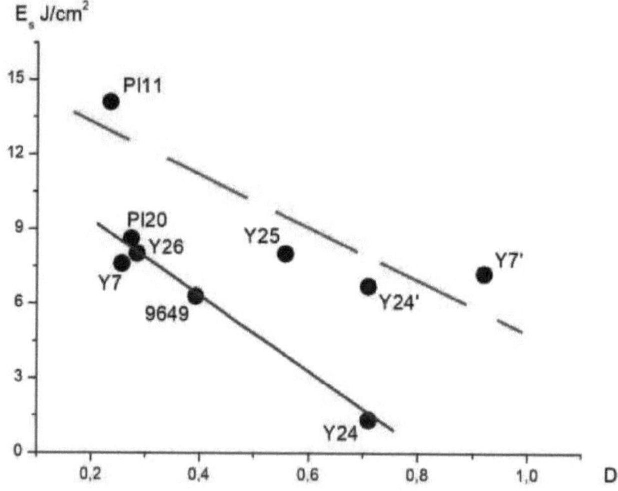

Figura 3.2 Dependência do E$_s$ em relação ao D para amostras com (linha

sólida azul) e sem (linha tracejada vermelha) superfícies externas

Uma vez que, no nosso caso, a absorção é quase inteiramente causada por impurezas, o modelo de absorção multifotónica descrito em [1] é insustentável, o que também é indicado pela fraca dependência dos limiares de grafitização do comprimento de onda da radiação (ver Tabela 3.3).

Além disso, nas amostras Y7, Y10, Y26 e Pill, a grafitização desenvolve-se "pontualmente", e nas amostras Y24, 9649, P113 e Y23 - "em forma de agulha", o que é explicado pela dispersão adicional da radiação. Em particular, na amostra Y24, é causada por múltiplas fissuras na placa e pela passagem de luz através da amostra (grafitização desenvolvida a partir do lado oposto da irradiação), na amostra 9649 ocorre na face (ver Tabela 3.4), noutras placas, este padrão também é observado, por exemplo, em P113 a grafitização "em forma de agulha" desenvolve-se na fissura, em Y23 - na borda etc.

Com base nos dados obtidos, podemos tirar a seguinte conclusão. A análise dos espectros de absorção nas regiões do infravermelho e do visível mostrou a dependência do coeficiente de absorção da composição de impurezas das amostras (Figura 3.1). Os limiares de grafitização de pulso único e de pulso múltiplo de um cristal único de diamante sintético HPHT foram estimados experimentalmente (Tabela 3.3) A grafitização desenvolve-se localmente, o azoto e as impurezas metálicas (especialmente o Ni) desempenham um papel significativo neste processo, o que explica a fraca correlação entre os limiares de grafitização e o comprimento de onda da radiação, bem como o início da grafitização a partir do lado com um teor acrescido de impurezas metálicas. Um aumento do limiar de grafitização após o condicionamento da superfície exterior (uma fina camada próxima da superfície do diamante com um teor acrescido de solvente metálico), observam-se diferentes dependências do limiar de grafitização em relação à densidade ótica para amostras com e sem superfícies exteriores (Figura 3.2), o que também pode provar o modelo baseado em impurezas do processo de grafitização. Se a radiação laser for adicionalmente dispersa em fissuras, lascas, faces ou no volume das amostras, então observamos uma grafitização "tipo agulha", caso contrário ocorre uma grafitização "tipo ponto".

3.2 Análise da estrutura da superfície após exposição à radiação laser

Os resultados finais da decomposição dos espectros Raman da grafite formada como resultado do tratamento a laser de amostras sintéticas de diamante HPHT são apresentados na Tabela 3.5.

Quadro 3.5 Resultados finais da decomposição dos espectros Raman
das amostras sintéticas de diamante HPHT

Position	Carbon type	Line intensity, rel. units					
		Y24	Y10	Y26	Y7	Pl11	Pl20
430 cm^{-1}	Disordered diamond	20	40	0	3	2	10
710 cm^{-1}		8	10	2	5	2	3
1180 cm^{-1}	Disordered graphite	70	60	50	88	55	60
1350L cm^{-1}	Nanocrystalline graphite	20	8	18	22	42	5
1350 cm^{-1}	Amorphous carbon	130	130	80	109	95	170
1420 cm^{-1}	Polyenes	5	10	2	9	0	0
1530 cm^{-1}	Amorphous carbon	180	185	120	200	118	123
1585L cm^{-1}	Nanocrystalline graphite	21	3	40	10	37	47
2085 cm^{-1}	Carbine	15	24	1	3	2	0

Nota: o quadro mostra as posições das linhas principais e a sua intensidade, L - aproximação pela função de Lorentz, noutros casos - pela função Gaussiana

Como se pode ver na Tabela 3.5 e na Figura 2.7, existem certas regularidades na formação de várias formas de carbono em diferentes energias de irradiação das amostras. Assim, pode notar-se que a quantidade de grafite nanocristalina aumenta com o aumento da energia de irradiação (Figura 3.3, coeficiente de correlação 0,94). Por outro lado, a interação de baixa intensidade (Es < 7J/cm^2, amostras Y24, Y10) resulta no aparecimento de carbina e diamante desordenado, que estão ausentes a energias de irradiação mais elevadas.

Quadro 3.6 Estimativa da dimensão das inclusões de carbono nas amostras

Sample	I(D)/I(G), amorphous carbon	I (D)/I(G), nanocrystalline graphite	Chain length, A	Nanocrystallite size, A
Y24	0.72	0.95	11	40
Pl20	1.38	0.11	16	260
Y26	0.67	0.45	10	80
Y7	0.55	2.20	10	35
Pl11	0.81	1.14	12	50
Y10	0.7	2.67	11	20

Além disso, de acordo com a Figura 3.4, o tamanho dos nanocristalitos de grafite e o comprimento das cadeias de carbono amorfo foram estimados em função do rácio I(D)/I(G). Os resultados são apresentados na Tabela 3.6

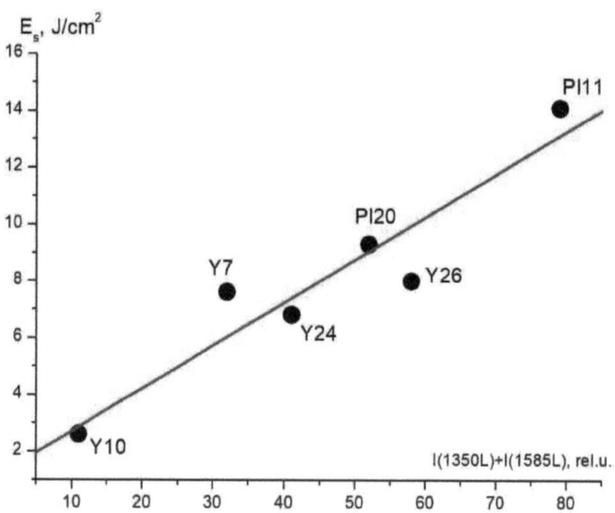

Figura 3.3 Relação entre o limiar de grafitização Es e o teor total de grafite nanocristalina

46

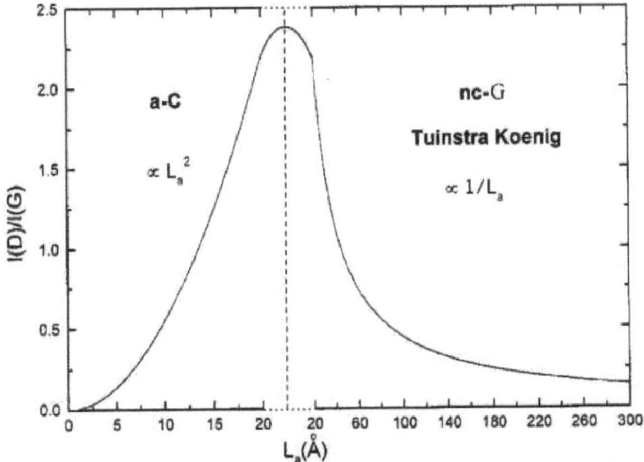

Figura 3.4 Dependência óleo (D)/I (G) do tamanho da inclusão de carbono[9]

Com base nos dados obtidos, podemos tirar a seguinte conclusão. A análise dos espectros Raman das amostras mostrou que a composição da superfície irradiada é extremamente diversificada e inclui grafite nanocristalina, carbono amorfo, diamante e grafite desordenados, estruturas de polieno e carbina. À medida que a energia de irradiação aumenta, o conteúdo de grafite nanocristalina aumenta (Figura 3.3); por outro lado, na interação de baixa intensidade (E_s < 7J/cm^2), formas como a carbina e o diamante desordenado manifestam-se ativamente. Os tamanhos dos nanocristalitos da grafite formada e o comprimento das cadeias de carbono amorfo foram estimados, os resultados são mostrados na Tabela 3.6.

Conclusão

A análise dos espectros de absorção nas regiões do infravermelho e do visível mostrou a dependência do coeficiente de absorção da composição de impurezas das amostras (Figura 3.1). Os limiares de grafitização de pulso único e de pulso múltiplo de um cristal único de diamante sintético HPHT foram estimados experimentalmente (Tabela 3.3) A grafitização desenvolve-se localmente, o azoto e as impurezas metálicas (especialmente o Ni) desempenham um papel significativo neste processo, o que explica a fraca correlação entre os limiares de grafitização e o comprimento de onda da radiação, bem como o início da grafitização a partir do lado com um teor acrescido de impurezas metálicas. Também se observa um aumento do limiar de grafitização após o condicionamento da superfície externa (uma fina camada próxima da superfície do diamante com um teor acrescido de metal-solvente), observando-se diferentes dependências do limiar de grafitização em relação à densidade ótica para amostras com e sem superfícies externas (Figura 3.2). Se a radiação laser for adicionalmente dispersa em fissuras, lascas, faces ou no volume das amostras, então observa-se uma grafitização "tipo agulha", caso contrário - grafitização "tipo ponto"

A análise dos espectros Raman das amostras mostrou que a composição da superfície irradiada é extremamente diversificada e inclui grafite nanocristalina, carbono amorfo, diamante e grafite desordenados, estruturas de polieno e carbina. À medida que a energia de irradiação aumenta, o conteúdo de grafite nanocristalina também aumenta (Figura 3.3); por outro lado, na interação de baixa intensidade ($E_s < 7 J/cm^2$), formas como a carbina e o diamante desordenado são apresentadas em grandes quantidades. Os tamanhos dos nanocristalitos da grafite formada e o comprimento das cadeias de carbono amorfo foram estimados, os resultados são mostrados na Tabela 3.6.

Referências

[1]   KONONENKO V. V. Processos estimulados por laser na superfície do diamante [M] Moscovo: IOF RAS, 2019

[2]   ROTHSCHILD M. Excimer-Iaser etching of diamond and hard carbon films by direct writing and optical projection [J] Journal of Vacuum Science & Technology B, **1986,** 4: 310-325

[3]   KONONENKO V. V. Laser-induced phase transitions in ion-implanted diamond [J] Diamond and Related Materials, **2003,** 12:277-282

[4]   LEHMANN A. Gravação selectiva por polarização de dois fotões de nanoestruturas emergentes em superfícies de diamante [J] Nature Communications, 2014,5:110-120

[5]   DAVIES G. Graphitization of Diamond at Zero Pressure and at a High Pressure [C] Proceedings of the Royal Society A: Mathematical, Physical and Engineering Sciences, 1972, 328:413-427

[6]   ZAITSEV A.M. Optical Properties of Diamond: A Data Handbook [M] Berlin: Springer, 2001

[7]   FERRARI A.C. Interpretação dos espectros Raman do carbono desordenado e amorfo [J] Physical ReviewB, **2000,** 61: 14095-14107

[8]   KONONENKO T. V. Microestruturas grafitizadas induzidas por laser no processamento de diamantes [M] Moscovo: IGP, 2022

[9]   TUINSTRA F., KOENING !.P. Raman Spectrum of Graphite [J] The Journal of Chemical Physics, **1970,** 53:1126-1130

Agradecimentos

Gostaria de expressar a minha profunda gratidão aos meus supervisores científicos, especialmente a G. Gusakov, sem o seu total apoio este trabalho não teria sido possível. Agradeço ao Instituto de Investigação de Problemas Físicos Aplicados da Universidade Estatal da Bielorrússia pelo material experimental fornecido, bem como ao Laboratório de Plasmodinâmica Laser do referido instituto pela oportunidade de realizar a experiência. Agradeço à Faculdade de Física da Universidade Estatal da Bielorrússia pela oportunidade de utilizar o equipamento para a caraterização e análise das amostras. O trabalho foi apresentado em 5 conferências, onde foram feitos comentários valiosos, pelo que gostaria de agradecer a todos os envolvidos.

Contactos dos autores

Pode contactar-me livremente por correio eletrónico:
egor. eremenko .03@mail .ru
egorushka03@gmail. com
eryomenko@sjtu.edu.cn

yes
I want morebooks!

Buy your books fast and straightforward online - at one of world's fastest growing online book stores! Environmentally sound due to Print-on-Demand technologies.

Buy your books online at
www.morebooks.shop

Compre os seus livros mais rápido e diretamente na internet, em uma das livrarias on-line com o maior crescimento no mundo! Produção que protege o meio ambiente através das tecnologias de impressão sob demanda.

Compre os seus livros on-line em
www.morebooks.shop

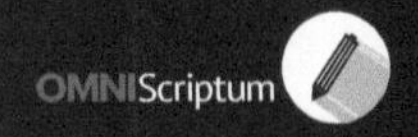

Printed by Books on Demand GmbH, Norderstedt / Germany